SITZUNGSBERICHTE DER DEUTSCHEN AKADEMIE
DER WISSENSCHAFTEN ZU BERLIN

Klasse für Mathematik, Physik und Technik
Jahrgang 1956, Nr. 1

FRIEDRICH MÖGLICH

ZUR HYDRODYNAMIK EINES ELEKTRONENGASES

1957

AKADEMIE-VERLAG · BERLIN

Vorgelegt von Hrn. Rompe in der Gesamtsitzung vom 1. März 1956
Zum Druck genehmigt am gleichen Tage, ausgegeben am 20.12.56

Erschienen im Akademie-Verlag GmbH, Berlin W 8, Mohrenstraße 39
Lizenz Nr. 202 · 100/12/56
Satz und Druck: Druckhaus Maxim Gorki, Altenburg
Bestell- und Verlagsnummer: 2010/56/I/1
Preis: DM 2.20
Printed in Germany

Inhaltsübersicht

Es werden die Bewegungsgleichungen eines elektrischen Kontinuums aus einem Lagrange-Variationsproblem hergeleitet. Dabei wird die Wechselwirkung der Volumenelemente der Flüssigkeit untereinander exakt berücksichtigt, ebenso wie auch die Wirkung anderer elektrischer Felder und solcher Kräfte, die sich durch ein zusätzliches skalares Potential darstellen lassen. Es wird nachgewiesen, daß für ein solches hydrodynamisches System den Helmholtzschen völlig analoge Wirbelsätze gelten, wobei allerdings zu den von der Rotation der Flüssigkeit herrührenden Anteile noch Feldanteile hinzuzunehmen sind, die durch das am Ort herrschende Magnetfeld bestimmt werden.

Auf Grund der Ergebnisse über das Verhalten der Wirbel kann das hydrodynamische Feld in rotationsfreie und Felder mit Rotation zerlegt werden. Diese Zerlegung ist zeitlich invariant. Den rotationsfreien Feldern, und nur diesen, kann eine Wellengleichung zugeordnet werden, die der Schrödingerschen Wellengleichung für skalares und Vektorpotential im Einelektronenproblem entspricht. Der bisher immer als eine Folge der Schrödingerschen Gleichung angesehene Stromausdruck kann jedoch bereits durch eine klassische kanonische Transformation ohne Rückgriff auf quantentheoretische Vorstellungen abgeleitet werden, was im Rahmen einer strengen Punktmechanik nicht möglich ist. Durch die Herleitung des Stromes mit Hilfe einer einfachen kanonischen Transformation ist die Form der quantentheoretischen Wellengleichung bereits weitgehend festgelegt. Lediglich über einen Ausdruck der Dimension einer Energie kann noch verfügt werden, während die Form des Differentialoperators durch den Strom bereits bestimmt ist.

Einleitung

In letzter Zeit mehren sich die Versuche, die bei der Behandlung eines quantentheoretischen Problems sehr vieler Körper auftretenden Schwierigkeiten dadurch zu überwinden, daß man auf Vorstellungen aus der Hydrodynamik zurückgreift. Einerseits erwartet man, daß sich sehr viele Teilchen näherungsweise wie ein Kontinuum verhalten müssen, andererseits gibt es auch grundsätzliche Erwägungen, bei denen die Vermutung eine Rolle spielt, daß die Existenz einer Korpuskel bereits als quantenmechanisches Phänomen anzusehen ist. Die Benutzung von Vorstellungen der Punktmechanik erscheint daher bereits als eine möglicherweise nicht durchaus zulässige Anleihe bei der Quantenphysik, ein Bedenken, das bei der Benutzung hydrodynamischer Methoden wegfällt. Dabei soll die grundsätzliche Frage, inwiefern die Hydrodynamik ohne Benutzung punktmechanischer Begriffe und Vorstellungen überhaupt begründbar ist, hier gar nicht erörtert werden. Auf alle Fälle darf man als ein Ergebnis der vorliegenden Arbeit ansehen, daß die Hydrodynamik der Quantentheorie doch besser angepaßt ist als die Punktmechanik, was beim Übergang zur Quantenmechanik sehr deutlich wird.

Bereits die Untersuchung von Kronig und Korringa[1]) über den Durchgang schneller geladener Teilchen durch das Elektronengas eines Metalles ist auf hydrodynamischen Vorstellungen aufgebaut. Später benutzten dann Kronig und Thellung[2]) die

---

[1]) R. Kronig, J. Korringa, Physica **10**, 1943, p. 406.

[2]) R. Kronig, A. Thellung, Physica **18**, 1952, p. 749.

hydrodynamische Methode, um das Problem des Heliums bei tiefen Temperaturen zu lösen. In dieser Arbeit beschränken sich die Verfasser noch auf den Fall der Wirbelfreiheit, während in einer späteren Arbeit Thellung[3]) den nicht wirbelfreien Fall auf das Heliumproblem anwendet. In einer gleichzeitigen und von dieser offenbar unabhängigen Arbeit wird von Ziman[4]) das gleiche Problem mit im wesentlichen den gleichen Ergebnissen behandelt.

Man kann nicht sagen, daß die letztgenannten Arbeiten in ihren Ergebnissen für die hydrodynamische Methode eine besondere Empfehlung darstellen. Allerdings ist das Heliumproblem für die Erprobung dieser Methode wohl insofern auch weniger geeignet, als sich hier die Schwierigkeiten bemerkbar machen, die davon herrühren, daß die Wechselwirkung der Heliumatome untereinander nur unzureichend bekannt ist, so daß man wiederum auf Näherungsansätze angewiesen ist, deren Güte schwer abgeschätzt werden kann. Eine solche Schwierigkeit fällt indessen fort, wenn man die Hydrodynamik auf Elektronen anwendet, denn hier sind die Ausdrücke für die Wechselwirkung zweier Volumenelemente aufeinander völlig bekannt.

Eine relativistisch invariante vierdimensionale Hydrodynamik entwickelt Dirac[5]) in seiner neuen klassischen Theorie des Elektrons. Er geht in diesen Arbeiten jedoch von eigenen früheren Untersuchungen aus, die von der klassischen Lorentzschen Theorie des Elektrons nicht unwesentlich abweichen. Seine Ergebnisse können daher ebenfalls nicht als Beweis für die Tragfähigkeit der hydrodynamischen Methode herangezogen werden. Das gleiche ist von einer Arbeit von Buneman[6]) zu sagen, die eine Erweiterung der eben genannten Untersuchungen von Dirac darstellt. Auch kann es gar keinem Zweifel unterliegen, daß eine nur

---

[3]) A. THELLUNG, Physica **19**, 1953, p. 217.

[4]) J. M. ZIMAN, Proc. R. Soc. **219**, 1953, p. 257.

[5]) P. A. M. DIRAC, Proc. R. Soc. **209**, 1951, p. 291. **212**, 1952, p. 330. **223**, 1954, p. 438.

[6]) O. BUNEMAN, Proc. R. Soc. **215**, 1952, p. 346.

klassische Behandlung dieser Probleme physikalisch wenig befriedigt.

Buneman, Cherry, Ferrano und Gabor[7]) haben hydrodynamische Verfahren zur Berechnung der Vorgänge in Elektronenröhren, in Magnetrons sowie in Plasmen von Gasentladungen mit Erfolg angewandt.

Auch die Arbeiten von Rompe und dem Verf.[8]) basieren auf hydrodynamischen Überlegungen. Für den Ansatz von Strom und elektrischer Dichte benutzen Verff. eine Näherung, von der schwer zu übersehen ist, ob sie für die fraglichen Phänomene, insbesondere der Supraleitung, durchweg als gültig angesehen werden kann. Vermutlich ist das gerade für die stationären Phänomene der Supraleitung keineswegs immer der Fall. Die von den Verfassern getroffene Einteilung der Felder in transversale und longitudinale Zustände entspricht im wesentlichen der Einteilung der Felder in wirbelbehaftete und wirbelfreie Vorgänge. Jedoch gilt die Einteilung in wirbelhafte und wirbelfreie Felder allgemein, während die Einteilung in transversale und longitudinale Zustände nur insoweit richtig sein kann, wie die von den Verff. durchgängig benutzte Näherung für Strom und Dichte richtig ist.

Es ist zweifellos für die Metalltheorie und für gewisse elektronische Vorgänge in festen Körpern von Wichtigkeit, zu wissen, inwieweit die hydrodynamische Methode sich wirklich als tragfähig erweist. Dies im einzelnen zu untersuchen, ist die Aufgabe der vorliegenden Arbeit, die sich zunächst vorwiegend mit den wirbelfreien Zuständen beschäftigt. Entsprechend der Tatsache,

---

[7]) O. Buneman, Proc. Phys. Soc. B. **63**, 1950, 278. Proc. Conf. on dyanmics of ionised media, London University College, 1951.

T. M. Cherry, Rep. Coun. Sci. Industr. Res. Aust. no. MUM-1.

V. C. A. Ferraro, Proc. London Math. Soc. (2), **49**, 1945, p. 77.

D. Gabor, Proc. Inst. Radio Engrs. NY. **33**, 1945, p. 792. Course on advancec electron dynamics, London: Imperial College 1951.

[8]) F. Möglich, R. Rompe, Ann. d. Phys. (6), **1**, 1947, p. 27. **3**, 1948, p. 322. **4**, 1949, p. 335. **6**, 1950, p. 177.

daß auch die schnellsten Elektronen im Festkörper eine noch so niedrige Geschwindigkeit haben, daß relativistische Effekte keine Rolle spielen, wird von einer vierdimensionalen Behandlung zunächst abgesehen, obgleich eine solche unschwer durchgeführt werden kann. Dabei ergibt sich, daß die wirbelfreie Bewegung im wesentlichen zu einer Quantentheorie der gewöhnlichen Schrödingerschen Gleichung führt. Der Stromausdruck entspricht dem üblichen quantentheoretischen Strom, obgleich sich zeigen läßt, daß dieser Ausdruck ohne Benutzung der Quantentheorie allein auf der Basis einer einfachen klassisch-kanonischen Transformation erhalten werden kann.

Daraus ergibt sich, daß die Hydrodynamik der wirbelfreien Felder, z. B. in der Frage der Supraleitung keine Gesichtspunkte liefert, die über die bereits von London eingehend diskutierten hinausgehen. Im Gegensatz hierzu enthält der Strom in der Theorie der Wirbelfelder einen weiteren zusätzlichen Anteil, der von den Wirbeln herrührt. Ob sich hieraus neue Ansätze für eine Theorie der Supraleitung ergeben, die weiterführen als die bisherigen Überlegungen von London, muß allerdings noch untersucht werden.

§ 1 — Vorbereitende Bemerkungen

Unter $a_1 a_2 a_3$ seien die rechtwinkligen Koordinaten eines Massenelementes zur Zeit $t = 0$ verstanden. Zur Zeit t befindet sich dieses Massenelement an der Stelle $x_1 x_2 x_3$. Diese drei Koordinaten sind also Funktion von t und von $a_1 a_2 a_3$

(1.1) $$x_i = x_i(a_1 a_2 a_3 t)$$

mit der Maßgabe, daß für $t = 0$ die Gleichungen

(1.2) $$a_i = x_i(a_1 a_2 a_3 0)$$

erfüllt sind. Zum Zeitpunkt t befindet sich also dasjenige Massenelement an der Stelle $x_1 x_2 x_3$, das sich zur Zeit $t = 0$ an der Stelle $a_1 a_2 a_3$ befand.

Die Gleichungen (1) lassen sich auch nach den a auflösen:

(1.3) $$a_i = a_i(x_1 x_2 x_3 t).$$

Sowohl die Gleichungen (1.1) wie auch die Gleichungen (1.3) beschreiben die zeitliche Bewegung eines Massenelementes, oder, wenn in einem Raumbereich der Koordinaten $a_1 a_2 a_3$ überall eine Massendichte herrscht, die von Null verschieden ist, so stellen die Gl. (1.1) oder (1.3) die Bewegung dieses Massenkontinuums dar. Die $x_1 x_2 x_3$ nennen wir lokale, die $a_1 a_2 a_3$ substanzielle Koordinaten. Die ersteren nennt man auch Eulersche, die letzteren lagrangische Koordinaten.

Wenn wir eine Funktion der Koordinaten a_i und der Zeit ins Auge fassen, etwa

$$f = f(a_1 a_2 a_3 t),$$

so gibt f offenbar den Wert einer physikalischen Größe desjenigen Massenelements an, das für $t = 0$ an der Stelle $a_1 a_2 a_3$ war. Der

Wert dieser Funktion haftet gewissermaßen an dem materiellen Teilchen und verändert sich nur entsprechend dieser Bewegung im Laufe der Zeit.

Wenn wir aber für $a_1 a_2 a_3$ gemäß den Gleichungen (1.3) die Größen $x_1 x_2 x_3$ als Variable in die Funktion f einführen, so wird f entsprechend den verschiedenen jeweils zum Zeitpunkt t sich in $x_1 x_2 x_3$ befindlichen Massenelementen zeitlich verändern. Obgleich diese Funktion f strukturell von der ersteren durchaus verschieden ist, wollen wir beide mit dem gleichen Funktionszeichen beschreiben

$$f(x_1 x_2 x_3 t) = f(a_1 a_2 a_3 t),$$

was bedeuten soll, daß die Gleichung eine Identität wird, wenn man entweder $x_1 x_2 x_3$ gemäß (1.1) durch $a_1 a_2 a_3$ oder $a_1 a_2 a_3$ gemäß (1.3) durch $x_1 x_2 x_3$ ersetzt.

Wenn eine Funktion f nach einer der Koordinaten x_i oder a differenziert werden soll, so bezeichnen wir diesen Differentialquotienten mit $\frac{\partial f}{\partial x_i}$ oder $\frac{\partial f}{\partial a_k}$. Im ersteren Falle soll der Differentialquotient als Funktion der $x_1 x_2 x_3$, im zweiten Falle von $a_1 a_2 a_3$ angesehen werden.

Schwierigkeiten könnten auftreten bei den Differentiationen nach der Zeit. Differenziert man bei konstant gehaltenen x_i nach t, so bedeutet dies die lokale Änderung einer Funktion an der Stelle $x_1 x_2 x_3$ mit der Zeit. Differenzieren wir aber bei konstant gehaltenen $a_1 a_2 a_3$ nach t, so bedeutet das die zeitliche Änderung dieser Größe, die fest verbunden ist mit demjenigen Massenelement, das zur Zeit $t = 0$ an der Stelle $a_1 a_2 a_3$ war. Beide Zeitdifferentiationen unterscheiden sich voneinander, wir nennen die erstere die lokale, die zweite die substanzielle Differentiation, nach der Zeit. Die lokale Zeitdifferentiation bezeichnen wir mit $\frac{\partial}{\partial t}$ die substanzielle mit $\frac{d}{dt}$.

Wenn wir in den drei Größen x_i der Gl. (1.1), die ja Funktionen von $a_1 a_2 a_3$ und t sind, die substanziellen Ableitungen nach der

Zeit bilden, so erhalten wir die Komponenten der Geschwindigkeit:

(1.4)
$$u_i = \frac{d}{dt}\, x_i(a_1 a_2 a_3, t).$$

Diese Größen u_i sind zunächst Funktionen der a_k und t, können aber natürlich auch unter Berücksichtigung der Gl. (1.3) als Funktionen von $x_1 x_2 x_3$ und t angesehen werden. Dann bilden die u_i ein Geschwindigkeitsfeld im Raum der $x_1 x_2 x_3$ und geben die an der Stelle $x_1 x_2 x_3$ zur Zeit t herrschende (Mittlere) Geschwindigkeit an:

(1.5)
$$u_i = u_i(x_1 x_2 x_3 t)\,; \quad \mathfrak{u} = (u_1, u_2, u_3).$$

Zwischen der lokalen und der substanziellen Zeitdifferentiation besteht der einfache Zusammenhang:

(1.6)
$$\frac{df}{dt} = \frac{\partial f}{\partial t} + \sum_{i=1}^{3} u_i \frac{\partial f}{\partial x_i}$$

oder

(1.7)
$$\frac{\partial f}{\partial t} = \sum_{i=1}^{3} \frac{\partial f}{\partial a_i} \frac{\partial a_i}{\partial t} + \frac{df}{dt}$$

Insbesondere gilt für die Geschwindigkeiten u_i:

(1.8)
$$\frac{du_i}{dt} = \frac{\partial u_i}{\partial t} + \sum_{k=1}^{3} u_k \frac{\partial u_i}{\partial x_k}.$$

Eine wichtige Rolle spielen die zu den Transformationen (1.1) und (1.3) gehörenden Funktionaldeterminanten D und Δ

(1.9)
$$D = \begin{vmatrix} \frac{\partial x_1}{\partial a_1} & \frac{\partial x_1}{\partial a_2} & \frac{\partial x_1}{\partial a_3} \\ \frac{\partial x_2}{\partial a_1} & \frac{\partial x_2}{\partial a_2} & \frac{\partial x_2}{\partial a_3} \\ \frac{\partial x_3}{\partial a_1} & \frac{\partial x_3}{\partial a_2} & \frac{\partial a_3}{\partial a_3} \end{vmatrix},$$

und

$$\text{(1.10)} \qquad \Delta = \begin{vmatrix} \frac{\partial a_1}{\partial x_1} & \frac{\partial a_1}{\partial x_2} & \frac{\partial a_1}{\partial x_3} \\ \frac{\partial a_2}{\partial x_1} & \frac{\partial a_2}{\partial x_2} & \frac{\partial a_2}{\partial x_3} \\ \frac{\partial a_3}{\partial x_1} & \frac{\partial a_3}{\partial x_2} & \frac{\partial a_3}{\partial x_3} \end{vmatrix}$$

Offenbar gilt:

$$D \cdot \Delta = 1.$$

D und Δ hängen eng mit der Dichtefunktion zusammen.

Wir führen zunächst die Massendichte ein. $k(x_1 x_2 x_3 t)$ ist eine Funktion der Koordinaten $x_1 x_2 x_3$ und t. $\int_T k(x_1 x_2 x_3 t)\, d\tau$ wo $d\tau = dx_1 dx_2 dx_3$, bedeutet, ist die Masse, die in dem Gebiet, über das die räumliche Integration erstreckt wurde, vorhanden ist. Dieses Gebiet T erzeugt ein Gebiet T_0 im Raume der $a_1 a_2 a_3$, indem wir nach Gleichung (1.3) jedem Punkt des Gebietes T einen Punkt mit den Koordinaten $a_1 a_2 a_3$ zuordnen. Sei $k_0(a_1 a_2 a_3)$ die zum Zeitpunkt $t = 0$ im Gebiet T_0 herrschende Massendichte, so ist die Masse in T_0 durch $\int_{T_0} k_0(a_1 a_2 a_3)\, d\tau_a$ gegeben, wo $d\tau_a = da_1 da_2 da_3$ bedeutet. Es besteht offenbar die Gleichung

$$\int_{T_0} k_0(a_1 a_2 a_3)\, d\tau_a = \int_T k(x_1 x_2 x_3 t)\, d\tau$$

für alle Werte der Zeit t, für die die Funktionaldeterminante Gl. (1.10) von Null verschieden ist.

Ersetzen wir nun nach Gleichung (1.1) mit der rechten Seite dieser Gleichung die $x_1 x_2 x_3$ durch die $a_1 a_2 a_3$, so erhalten wir, da bei dieser Transformation T in T_0 übergeht:

$$\int_{T_0} \{k_0(a_1 a_2 a_3) - k(a_1 a_2 a_3 t) \cdot D\}\, d\tau_a.$$

Da diese Gleichung für beliebige Bereiche T_0 im Raum der $a_1 a_2 a_3$ gelten muß, ist offenbar

$$k_0(a_1 a_2 a_3) = k(a_1 a_2 a_3 t) \cdot D.$$

Diese Gleichung kann man auch so schreiben:

$$\frac{d}{dt}(kD) = 0. \tag{1.11}$$

Dies ist die Kontinuitätsgleichung für die Masse. Man kann sie auch so formulieren: Setzt man

$$k = \frac{k_0}{D}, \tag{1.12}$$

so ist für diesen Ansatz die Kontinuitätsgleichung identisch erfüllt, wenn k_0 Funktion nur der a_i und nicht von t ist.
Wenn, wie im folgenden angenommen wird, die hydrodynamischen Gleichungen nur eine bequeme Zusammenfassung eines aus sehr vielen, einzelnen Partikeln gleicher Masse m bestehenden Feldes darstellen, so ist es zweckmäßig, neben der Massendichte die Teilchendichte $n(x_1 x_2 x_3 t)$ einzuführen:

$$n(x_1 x_2 x_3 t) = \frac{1}{m} k(x_1 x_2 x_3 t). \tag{1.13}$$

$\int\limits_{T_0} n(x_1 x_2 x_3 t)\, d\tau$ ist dann die Zahl der Teilchen, die sich in T befinden.

Tragen die Teilchen darüber hinaus auch noch eine elektrische Ladung e, so werden wir unter $\varrho(x_1 x_2 x_3 t)$ die elektrische Dichte verstehen. Sie definiert als

$$\varrho(x_1 x_2 x_3 t) = e\, n(x_1 x_2 x_3 t). \tag{1.14}$$

Aus Gleichung (1.11) läßt sich dann für diese Dichten die Kontinuitätsgleichung in der üblichen Form herleiten:

$$\frac{\partial n}{\partial t} + \sum_{i=1}^{3} \frac{\partial}{\partial x_i}(n u_i) = 0. \tag{1.15}$$

§ 2. Lagrangefunktion und Bewegungsgleichungen

Mit Hilfe der Gleichungen (1.4) werden die Geschwindigkeitskomponenten u_i als Funktionen der a_i und t eingeführt. Aus ihnen setzt sich die kinetische Energie eines Massenteilchens wie folgt zusammen:

$$\tau = \frac{m}{2} \sum_{i=1}^{3} u_i^2 .$$

T ist also zunächst eine Funktion von t und den a_i. Durch die Gl. (1.3) kann T auch als eine Funktion der lokalen Koordinaten $x_1 x_2 x_3 t$ angesehen werden.

T ist die kinetische Energie eines Partikels, desjenigen, das zur Zeit $t = 0$ sich in $a_1 a_2 a_3$ befand bzw. T ist die kinetische Energie eines Partikels, das sich zur Zeit t an der Stelle $x_1 x_2 x_3$ befindet. Ist an dieser Stelle die Partikeldichte gleich $n(x_1 x_2 x_3 t)$, so kann man die gesamte kinetische Energie des Systems folgendermaßen schreiben:

$$\Theta = \frac{m}{2} \int \sum_{i=1}^{3} u_i^2 \, n(x_1 x_2 x_3 t) \, d\tau .$$

Wenn, wie wir voraussetzen wollen, die Teilchen eine Ladung $-e$ haben, so tritt in der Lagrangefunktion neben der kinetischen Energie ein Glied auf, das das skalare Produkt zwischen dem elektrischen Strom

$$j = -e n \mathfrak{u}$$

und dem Vektorpotential $\mathfrak{A}$ des elektromagnetischen Feldes ist, also für ein einzelnes Teilchen

$$+ \frac{1}{c} j \cdot \mathfrak{A}$$

und damit für die Gesamtheit aller Teilchen

$$- \frac{e}{c} \int \sum_{i=1}^{3} u_i \mathfrak{A}_i \, n \, (x_1 x_2 x_3 t) \, dx_1 dx_2 dx_3$$

und schließlich entsprechend für das elektrische Potential und eventuell noch andere Formen potentieller Energie

$$\int \{U - e\varphi\} \, n \, (x_1 x_2 x_3 t) \, d\tau .$$

Das Langrangefunktional für unser System lautet also:

$$(2.1)\quad \Lambda = \int d\tau\, n\,(x_1 x_2 x_3 t)\left\{\frac{m}{2}\sum_{i=1}^{3} u_i^2 - \frac{e}{c}\sum_{i=1}^{3} u_i\,\mathfrak{A}_i + e\varphi - U\right\}.$$

Diese Gleichung läßt sich wegen (1.12) und (1.13) auch so schreiben:

$$\Lambda = \int da_1\, da_2\, da_3\, n_0\,(a_1 a_2 a_3)\left\{\frac{m}{2}\sum_{i=1}^{3} u_i^2 - \frac{e}{c}\sum_{i=1}^{3} u_i\,\mathfrak{A}_i + e\varphi - U\right\}.$$

(2.2)

Hier sind die Funktionen u_i und n_0 als Funktionen der $a_1 a_2 a_3$ anzusehen, während die $\mathfrak{A}_i$, φ und U Funktionen der Funktionen $x_k(a_1 a_2 a_3 t)$ sind, derselben Funktion also, deren zeitliche Ableitungen bei konstanten $a_1 a_2 a_3$ die Größen u_i sind.

Die Größe Λ in Gl. (3.2) ist ein Funktional der drei Funktionen $u_i(a_1 a_2 a_3 t)$ und der drei Funktionen $x_i(a_1 a_2 a_3 t)$. Die Bewegungsgleichungen unseres Systems erhalten wir, wenn wir Gleichung (1.4) beachten, in folgender Form:

$$(2.3)\qquad \frac{d}{dt}\frac{\delta \Lambda}{\delta u_i} - \frac{\delta \Lambda}{\delta x_i} = 0,$$

wo $\frac{\delta}{\delta x_i}$ die funktionellen Abteilungen nach den $x_i(a_1 a_2 a_3 t)$ und $\frac{\delta}{\delta u_i}$ nach den Funktionen $u_i(a_1 a_2 a_3 t)$ bedeuten:

$$(2.4)\qquad \frac{\delta \Lambda}{\delta x_i} = \frac{\partial \mathfrak{L}}{\partial x_i} - \sum_{k=1}^{3}\frac{\partial}{\partial a_k}\frac{\partial\,\mathfrak{L}}{\partial\left(\frac{\partial x_i}{\partial a_k}\right)},$$

wo $\mathfrak{L}$ den Integranden von Gleichung (3.2)

$$\mathfrak{L} = n_0\left\{\frac{m}{2}\sum_{i=1}^{3} u_i^2 - \frac{e}{c}\sum_{i=1}^{3} u_i\,\mathfrak{A}_i + e\varphi - U\right\}$$

bedeutet.

Wir erhalten auf diese Weise, da die u_i und n_0 nicht von den $x_i(a_1 a_2 a_3 t)$ abhängen:

$$(2.5)\qquad \frac{d}{dt}\left(m u_\varrho - \frac{e}{c}\,\mathfrak{A}_\varrho\right) + \frac{e}{c}\sum u_i\frac{\partial \mathfrak{A}_i}{\partial x_\varrho} - \frac{\partial}{\partial x_\varrho}(e\varphi - U) = 0.$$

Fassen wir jetzt die Größen als Funktionen von $x_1 x_2 x_3 t$ auf, indem wir Gleichung (1.3) benutzen, so müssen wir insbesondere die substanzielle Differentiation nach t durch die entsprechende lokale ersetzen. Dazu benutzen wir die Gleichungen (1.6). Beachten wir dann noch, daß

$$\sum_{i=1}^{3} \frac{\partial \mathfrak{u}}{\partial x_i} u_i = \frac{1}{2} \operatorname{grad} (\mathfrak{u})^2 - \mathfrak{u} \times \operatorname{rot} \mathfrak{u}$$

ist, so erhalten wir die Bewegungsgleichung in der Form:

$$\frac{\partial}{\partial t}\left(m\mathfrak{u} - \frac{e}{c}\mathfrak{A}\right) - \mathfrak{u} \times \operatorname{rot}\left(m\mathfrak{u} - \frac{e}{c}\mathfrak{A}\right)$$

$$+ \operatorname{grad}\left(\frac{m}{2}\mathfrak{u}^2 - e\varphi + U\right) = 0. \tag{2.6}$$

Wir berechnen nunmehr die Gesamtenergie unseres Systems. Sie ist

$$\mathfrak{E} = \sum_{k=1}^{3} \int p_k u_k n_0 \, da_1 \, da_2 \, da_3 - \Lambda. \tag{2.7}$$

Dabei werden wir p_k als

$$p_k = \frac{1}{n_0} \frac{\delta \Lambda}{\delta u_k} = m u_k - \frac{e}{c} \mathfrak{A}_k = \frac{1}{n_0} \frac{\partial \mathfrak{L}}{\partial u_k} \tag{2.8}$$

definieren.

Ersetzen wir außerdem u_k durch p_k nach der Gleichung (2.10), so ergibt sich

$$H = \int da_1 \, da_2 \, da_3 \, n_0 (a_1 a_2 a_3) \left\{ \frac{1}{2m} \sum_{k=1}^{3} p_k^2 + \frac{e}{mc} \Sigma p_k \mathfrak{A}_k \right.$$

$$\left. + \frac{e}{2mc} \mathfrak{A}^2 - e\varphi + U \right\}. \tag{2.9}$$

Natürlich können wir die Integration auf der rechten Seite der Gleichung (2.9) auch über die „lokalen“ Koordinaten x_i erstrekken. Dazu hat man lediglich die Gleichungen (1.9); (1.10) und (1.12) zu beachten.

So ergibt sich:

$$H = \int d x_1 d x_2 d x_3 n (x_1 x_2 x_3 t) \left\{ \frac{1}{2m} \sum_{k=1}^{3} p_k^2 + \frac{e}{mc} \sum_{k=1}^{3} p_k \mathfrak{A}_k \right.$$

$$\left. + \frac{e^2}{2mc^2} \mathfrak{A}^2 - e\varphi + U \right\}. \tag{2.10}$$

§ 3. Die Wirbelsätze

In Gleichung (2.5) können wir nach (2.8) die auftretenden Geschwindigkeitskomponenten u_k durch die p_k ersetzen. So erhalten wir:

$$\frac{dp_k}{dt} + \frac{e}{mc} \sum p_i \frac{\partial \mathfrak{A}_i}{\partial x_k} + \frac{\partial}{\partial x_k} \left(U - e\varphi + \frac{e^2}{2mc^2} \mathfrak{A}^2 \right) = 0.$$

Jede dieser drei Gleichungen multiplizieren wir mit $\frac{\partial x_k}{\partial a_\varrho}$ und summieren über k von 1 bis 3. So erhalten wir die Lagrangesche Form unserer Bewegungsgleichungen:

$$\sum_{k=1}^{3} \frac{dp_k}{dt} \frac{\partial x_k}{\partial a_\varrho} + \frac{e}{mc} \sum_{k=1}^{3} p_k \frac{\partial \mathfrak{A}_k}{\partial a_\varrho} + \frac{\partial}{\partial a_\varrho} \left(U - e\varphi + \frac{e^2}{2mc^2} \mathfrak{A}^2 \right) = 0. \tag{3.1}$$

Wenn wir diese Gleichungen nach $a_\sigma (\sigma \neq \varrho)$ differenzieren und die entsprechende Gleichung, in der nur ϱ durch σ ersetzt wurde, nach a_ϱ differenzieren, so können wir durch Subtraktion dieser beiden so entstehenden Gleichungen das Glied, das die Potentiale enthält, beseitigen. Er ergibt sich:

$$\frac{\partial}{\partial a_\sigma} \sum_{k=1}^{3} \frac{dp_k}{dt} \frac{\partial x_k}{\partial a_\varrho} - \frac{\partial}{\partial a_\varrho} \sum_{k=1}^{3} \frac{dp_k}{dt} \frac{\partial x_k}{\partial a_\sigma}$$

$$+ \frac{e}{mc} \left[\frac{\partial}{\partial a_\sigma} \sum_{k=1}^{3} p_k \frac{\partial \mathfrak{A}_k}{\partial x_\varrho} - \frac{\partial}{\partial a_\varrho} \sum_{k=1}^{3} p_k \frac{\partial \mathfrak{A}_k}{\partial x_\sigma} \right] = 0.$$

Die ersten beiden Glieder können wir auch so schreiben:

$$\frac{d}{dt} \left[\sum_{k=1}^{3} \frac{\partial p_k}{\partial a_\sigma} \frac{\partial x_k}{\partial a_\varrho} - \frac{\partial p_k}{\partial a_\varrho} \frac{\partial x_k}{\partial a_\sigma} \right] - \sum_{k=1}^{3} \left[\frac{\partial p_k}{\partial a_\sigma} \frac{\partial u_k}{\partial a_\varrho} - \frac{\partial p_k}{\partial a_\varrho} \frac{\partial u_k}{\partial a_\sigma} \right].$$

Die beiden Glieder aber, die das Vektorpotential enthalten, können so geschrieben werden:

$$\frac{e}{mc}\sum_{k=1}^{3}\left[\frac{\partial p_k}{\partial a_\sigma}\frac{\partial \mathfrak{A}_k}{\partial a_\varrho}-\frac{\partial p_k}{\partial a_\varrho}\cdot\frac{\partial \mathfrak{A}_k}{\partial a_\sigma}\right].$$

Fügen wir diese hinzu, so sieht man, daß sich die Faktoren $\frac{\partial u_k}{\partial a_k}$ und $\frac{e}{mc}\frac{\partial \mathfrak{A}_k}{\partial a_\varrho}$ jeweils zu $\frac{1}{m}\frac{\partial p_k}{\partial a_\varrho}$ ergänzen, so daß diese Glieder Null ergeben. Wir erhalten daher, daß

$$A_\tau=\sum_{k=1}^{3}\left[\frac{\partial p_k}{\partial a_\sigma}\frac{\partial x_k}{\partial a_\varrho}-\frac{\partial p_k}{\partial a_\varrho}\cdot\frac{\partial x_k}{\partial a_\sigma}\right]$$

drei substanzielle Invarianten sind, wo ϱ, σ, τ in zyklischer Reihenfolge jeweils die Zahlen 1, 2, 3 bedeuten.

A_τ multiplizieren wir mit $\frac{\partial x_i}{\partial a_\tau}$ und summieren über τ, so erhalten wir:

$$\sum_{k=1}^{3}A_\tau\frac{\partial x_i}{\partial a_\tau}=\sum_{k=1}^{3}\sum_{\tau=1}^{3}\frac{\partial p_k}{\partial a_\varrho}\left(\frac{\partial x_k}{\partial a_\sigma}\frac{\partial x_i}{\partial a_\tau}-\frac{\partial x_k}{\partial a_\tau}\frac{\partial x_i}{\partial a_\varrho}\right).$$

Die in der Klammer stehenden Größen sind aber nichts anderes als D_{ik}, die Minoren der Funktionaldeterminante D. Für diese gilt die Gleichung[1])

$$D_{ik}=D\frac{\partial a_k}{\partial x_i}.$$

Da $\frac{n_0}{D}$ die Dichte n ist, so können wir schreiben

$$\frac{n}{n_0}\sum_{\tau=1}^{3}A_\tau\frac{\partial x_i}{\partial a_\tau}=(\mathrm{rot}\ p). \tag{3.2}$$

Als Vektor der Rotation eines Flüssigkeitsteilchens bezeichnet man

$$o=\frac{1}{2}\,\mathrm{rot}\ \mathfrak{u}.$$

Unser Vektor rot p ist dann nichts anderes als

$$\mathrm{rot}\ p=2m\,(o+o_L), \tag{3.3}$$

---

[1]) Vgl. z. B. L. LICHTENSTEIN, Grundl. d. Hydrodyn. Berlin 1929, S. 141.

wo o_L die durch das an der Stelle $x_1 x_2 x_3$ herrschende Magnetfeld $\mathfrak{H}$ hervorgerufene Larmorrotation bedeutet:

$$o_L = -\frac{e}{2mc} \cdot \mathfrak{H}. \tag{3.4}$$

Die Größen A_τ, die ja nur von den $a_1 a_2 a_3$ und nicht von t abhängen, erweisen sich, wie man leicht aus (3.2) ersieht, als die Komponenten von rot p für $t = 0$, da für $t = 0$ die Größen

$$\frac{\partial x_i}{\partial a_k} = \delta_{ik}$$

sind.

Verschwinden die A_τ also, so ist für alle Zeiten rot $p = 0$ und es läßt sich für p der Ansatz

$$p = \operatorname{grad} \eta \tag{3.5}$$

machen, der offenbar dann für alle Zeiten gilt.

Wenn aber rot p von Null verschieden ist, muß an die Stelle von (3.5) eine andere Gleichung treten, deren Ableitung wir uns jetzt zuwenden wollen

Wenn rot p nicht verschwindet, so mag etwa der Wert von rot p gleich einem Vektor $\mathfrak{G}$ sein. Für diesen Vektor $\mathfrak{G}$ muß dann die Bedingung der Divergenzfreiheit erfüllt sein:

$$\operatorname{div} \mathfrak{G} = 0.$$

Eine solche Gleichung kann aber sehr leicht identisch erfüllt werden. Zu diesem Zweck führe man drei beliebige Funktionen $g_1 g_2 g_3$ ein, die Funktionen der Koordinaten $x_1 x_2 x_3$ sein sollen. Die drei Funktionen g_i mögen unabhängig voneinander sein, d. h. die Funktionaldeterminante darf nicht verschwinden:

$$R = \begin{vmatrix} \frac{\partial g_1}{\partial x_1} & \frac{\partial g_1}{\partial x_2} & \frac{\partial g_1}{\partial x_3} \\ \frac{\partial g_2}{\partial x_1} & \frac{\partial g_2}{\partial x_2} & \frac{\partial g_2}{\partial x_3} \\ \frac{\partial g_3}{\partial x_1} & \frac{\partial g_3}{\partial x_2} & \frac{\partial g_3}{\partial x_3} \end{vmatrix} \neq 0.$$

Entwickelt man diese Determinante nach der ersten Zeile, so erhält man

$$R = \sum \frac{\partial g_i}{\partial x_i} \cdot \Delta_i,$$

wo die Δ_i die willkürliche Funktion g_1 nicht mehr enthalten, wohl aber g_2 und g_3. Die Δ_i sind natürlich zweireihige Unterdeterminanten von R, die durch Streichung der ersten Zeile und der jeweils ersten, zweiten oder dritten Spalte aus R entstehen:

$$\Delta_1 = \frac{\partial (g_2 g_3)}{\partial (x_2 x_3)}; \; \Delta_2 = \frac{\partial (g_2 g_3)}{\partial (x_3 x_1)}; \; \Delta_3 = \frac{\partial (g_2 g_3)}{\partial (x_1 x_2)}.$$

Für diese Größen gilt, wie man leicht nachrechnet identisch:

$$\sum_{i=1}^{3} \frac{\partial \Delta_i}{\partial x_i} \equiv 0.$$

Auch kann man sehen, daß die Δ_i die allgemeinste Lösung dieser Gleichung mit zwei willkürlichen Funktionen g_2 und g_3 darstellen. Nimmt man weiter an, daß die g_i Invarianten gegenüber räumlichen Drehungen sind, so haben die Δ_i Vektorcharakter, und wir können daher setzen:

$$(\text{rot}\, p)_i = \Delta_i = (\text{grad}\, g_2 \times \text{grad}\, g_3)_i.$$

Aus dieser Gleichung folgt aber sofort durch Integration:

$$p = \text{grad}\, W + g_2 \cdot \text{grad}\, g_3, \tag{3.6}$$

und dies ist genau die von Clebsch in die Hydrodynamik eingeführte Transformation. Dabei können die g_2 und g_3, wie wir in einer späteren Arbeit zeigen wollen, so gewählt werden, daß auf Grund der Bewegungsgleichungen (2.6) die substanziellen zeitlichen Ableitungen von g_2 und g_3 verschwinden:

$$\frac{d g_2}{d t} = \frac{d g_3}{d t} = 0. \tag{3.7}$$

Das in (3.6) gegenüber von Gleichung (3.5) auftretende zweite Gied hat einen Zusatzterm im elektrischen Strom zur Folge, der dem Anteil der Wirbel an diesem entspricht. Über seine Eigenschaften wird in einer zweiten Arbeit berichtet.

§ 4. Der Fall des rotationsfreien Impulses

Die Gleichung (2.5) vereinfacht sich beträchtlich für den Fall eines rotationsfreien Impulses. Wie man sofort sieht, verschwindet der zweite Summand dieser Gleichung. Benutzt man ferner für p den Ansatz (3.5), so erhält man, da ja $\frac{\partial}{\partial t}$ und „grad“ vertauschbare Operationen sind, eine Bewegungsgleichung, bei der jedes einzelne Glied „grad“ eines Skalares ist:

$$\operatorname{grad}\{\dot{\eta} + T - e\varphi + U\} = 0.$$

Aus (3.5) folgt

$$T = \frac{1}{2m}(\operatorname{grad}\dot{\eta})^2 + \frac{e}{mc}\mathfrak{A}\operatorname{grad}\eta + \frac{e^2}{2mc^2}\mathfrak{A}^2.$$

Damit kann man

$$\dot{\eta} + \frac{1}{2m}(\operatorname{grad}\eta)^2 + \frac{e}{mc}\mathfrak{A}\operatorname{grad}\eta + \frac{e^2}{2mc^2}\mathfrak{A}^2 - e\varphi + U + \Theta = 0$$

als Bewegungsgleichung unseres Elektronengases ansehen. Θ ist hier eine zunächst willkürliche Funktion nur der Zeit und nicht der Ortskoordinaten:

$$\operatorname{grad}\Theta \equiv 0.$$

Bezeichnet Ω ebenfalls eine Funktion nur der Zeit, die mit Θ folgendermaßen zusammenhängt:

$$\frac{d\Omega}{dt} = \Theta,$$

so sieht man, daß

(4.1) $$W = \eta + \Omega \quad \operatorname{grad} W = \operatorname{grad}\eta$$

die folgende Gleichung befriedigt:

$$\frac{\partial W}{\partial t} + \frac{1}{2m}(\operatorname{grad} W)^2 + \frac{e}{mc}\mathfrak{A}\operatorname{grad} W + \frac{e^2}{2mc^2}\mathfrak{A}^2 - e\varphi + U = 0.$$

(4.2)

Dies ist dieselbe Gleichung, die für η galt, nur ist hier die willkürliche Funktion der Zeit Θ gleich Null gesetzt. Die Hinzufügung dieser Funktion bringt also auch keine größeren Unbestimmtheiten herein, als der Ansatz (3.5). (4.2) kann man daher als Bewegungsgleichung desjenigen Bewegungstyps ansehen, der durch die Gl. (3.5) charakterisiert ist. Sie hat die Form der Hamilton-Jakobischen Differentialgleichung eines Ein-Elektronenproblems.

§ 5. Quantisierung des Elektronengases für den rotationsfreien Fall

Die Gl. (3.5) hat eine wohlbekannte Bedeutung. In der Punktmechanik besagt sie, daß der Impuls stets als Grad einer Wirkungsfunktion ausgedrückt werden kann. Diese Wirkungsfunktion genügt der Hamilton-Jakobischen Differentialgleichung. Dem entspricht es, daß die Gleichung (4.2), die die Bewegungsgleichung unseres hydrodynamischen Ensembles darstellt, genau diese Form hat. Es ist die Hamilton-Jakobische Differentialgleichung eines Elektrons im elektromagnetischen Feld der Potentiale $\mathfrak{A}$ und φ und eventueller weiterer Kräfte, die im Potential U zusammengefaßt sind.

Wollen wir zu einer Quantisierung unseres Elektronengases schreiten, so wird es zweckmäßig sein, an die Stelle der Hamilton-Jakobischen Differentialgleichung die ihr entsprechende Schrödingersche Wellengleichung zu setzen. Dies führt zu der Differentialgleichung:

$$\frac{h}{2\pi i}\frac{\partial\psi}{\partial t} - \frac{h^2}{8\pi^2 m}\Delta\psi + \frac{he}{4\pi imc}\mathfrak{A}\,\mathrm{grad}\,\psi + \left[\frac{e^2}{2mc^2}\mathfrak{A}^2 - e\varphi + U\right]\psi = 0. \tag{5.1}$$

Indem wir (4.2) durch (5.1) ersetzen, bestimmen wir jetzt eine neue Größe, die Wellenfunktion, deren Zusammenhang mit der Funktion oder W, deren Kenntnis wir insbesondere für die Gleichung (4.1) brauchen, nicht bekannt ist.

In der Gleichung (5.1) ebenso wie in (4.1) müssen die Größen $\mathfrak{A}$ und φ in der üblichen Weise mit den Feldstärken des elektromagnetischen Feldes verknüpft sein:

$$\mathfrak{E} = -\frac{\dot{\mathfrak{A}}}{c} - \operatorname{grad}\varphi \qquad \mathfrak{H} = \operatorname{rot}\mathfrak{A}. \tag{5.2}$$

Im allgemeinen wird als Nebenbedingung, der die Potentiale $\mathfrak{A}$ und φ genügen sollen, die sogenannte Lorentzsche Konvention eingeführt. Bei Benutzung der nichtrelativistischen Gleichung (5.1) ist dies allerdings undurchführbar; denn wir müssen dafür sorgen, daß der mit (5.1) verträgliche Ausdruck für die Stromdichte der Kontinuitätsgleichung genügt. Das erreichen wir, wenn wir an die Stelle der Lorentzschen Konvention die Nebenbedingung

$$\operatorname{div}\mathfrak{A} = 0 \tag{5.3}$$

einführen. Diese neue Bedingung hat zur Folge, daß die Größen $\mathfrak{A}$ und φ nicht mehr den üblichen partiellen Differentialgleichungen zweiter Ordnung genügen. An ihre Stelle treten folgende Gleichungen:

$$\Delta\varphi = -4\pi\varrho \qquad -\frac{\ddot{\mathfrak{A}}}{c^2} + \Delta\mathfrak{A} = -\frac{4\pi}{c}\left(j - \frac{1}{4\pi}\operatorname{grad}\dot{\varphi}\right), \tag{5.4}$$

wo Strom j und Dichte ϱ in der üblichen Weise durch

$$j = -enu \qquad \varrho = -en$$

definiert sind. $\mathfrak{A}$ und φ werden also quellenmäßig durch Strom und Dichte unseres Elektronenensembles hervorgerufen. Natürlich können in $\mathfrak{A}$ und φ auch äußere Felder vorhanden sein, deren Quellen dann außerhalb des von uns betrachteten Raumbereiches liegen. Diese Felder werden nicht durch ihre Quellen, sondern durch Randbedingungen am Rande des von uns betrachteten Raumgebietes bestimmt.

Übrigens kann man eine der Funktion η oder W analoge Größe aus der Funktion ψ immer dadurch definieren, daß man

$$\psi = \exp\left(\frac{2\pi i}{h} \cdot W + \ln a\right)$$

setzt. a ist eine reelle Funktion der Koordinaten $x_1 x_2 x_3$ und der Zeit t. Dann erkennt man sofort, daß der Imaginarteil von $\ln \psi$ mit W identifiziert werden muß. Wir setzen also an die Stelle von (4.1)

$$W = \frac{h}{4\pi i} (\ln \psi - \ln \psi^*) \tag{5.5}$$

$$p = \frac{h}{4\pi i} \operatorname{grad} (\ln \psi - \ln \psi^*),$$

wo ψ^* die konjugiert komplexe Größe von ψ bedeutet.

Wir wollen ferner annehmen, daß ψ normiert ist. Im Gegensatz zur üblichen Normierung soll $\psi\psi^* = n$ sein, wo n wie bisher die Dichte ist. Wenn wir dann die letzte Gleichung mit $-\frac{e}{m}\psi^*\psi$ multiplizieren und beachten, daß

$$-e\psi^*\psi\mathfrak{u} = \mathfrak{j} \tag{5.6}$$

die elektrische Stromdichte darstellt, so gelangen wir sofort zu der Beziehung

$$\mathfrak{j} = \frac{eh}{4\pi i m} [\psi \operatorname{grad} \psi^* - \psi^* \operatorname{grad} \psi] - \frac{e^2}{mc} \psi^* \cdot \psi \cdot \mathfrak{A}. \tag{5.7}$$

Diese Gleichung ist wohlbekannt, sie ergibt den Erwartungswert des Elektronenstromes in einem Einkörperproblem.

Die Gleichung (5.4) erweckt den Anschein, als ob es möglich ist, durch eine einfache Transformation aus Größen der klassischen Physik die Größen der Quantenmechanik herzuleiten. Das ist offenbar richtig z. B. für den quantenmechanischen Strom, der sich aus dem Ansatz für den Strom $n\mathfrak{u}$ und der Dichte n ohne weiteres ergibt. Es ist aber nicht mehr richtig für die Schrödingersche Gleichung (5.1), die ohne zusätzliche Annahmen nicht abgeleitet werden kann. Dabei ist es interessant, festzustellen, daß die zusätzlichen Annahmen, die bei dem Übergang von der Hydrodynamik zur Schrödingerschen Gleichung gemacht werden müssen, vergleichsweise sehr klein und einleuchtend sind.

Um dies zu zeigen, wollen wir noch den Begriff der kanonisch konjugierten Größen aus der Punktmechanik verallgemeinern. Wir wollen definieren, daß wir zwei Größen P und Q als kanonisch konjugiert ansehen wollen, wenn die Gleichungen

$$\frac{\partial P}{\partial t} = -\frac{\delta H}{\delta Q} \qquad \frac{\partial Q}{\partial t} = +\frac{\delta H}{\delta P} \tag{5.8}$$

erfüllt sind. Dabei ist H das durch Gleichung (2.9) definierte Funktional der Energie, von dem wir sogleich annehmen, daß der Integrand H des Integrales von (2.9), nur von P und Q und von den ersten Ableitungen von P und Q nach den x_i abhängt. Dann soll entsprechend der Gleichung (2.4) die funktionale Ableitung von H nach Q definiert sein als

$$\frac{\delta H}{\delta Q} = \frac{\partial H}{\partial Q} - \sum_{i=1}^{3} \frac{\partial}{\partial x_i} \frac{\partial H}{\partial \left(\frac{\partial Q}{\partial x_i}\right)}. \tag{5.9}$$

Nun wollen wir zeigen, daß die Größen W und n im Sinne der Gleichung (5.8) als kanonisch konjugierte Größen angesehen werden müssen. Dazu haben wir in der Gleichung (2.11) die Impulse p_i durch W zu ersetzen, wobei wir uns der Gleichung (4.1) bedienen. Dadurch geht H über in:

$$H = \int d x_1 \, d x_2 \, d x_3 \, u \, (x_1 x_2 x_3 t) \left\{ \frac{1}{2m} \sum_{i=1}^{3} \left(\frac{\partial W}{\partial x_i}\right)^2 + \frac{e}{mc} \sum_{i=1}^{3} \frac{\partial W}{\partial x_i} \mathfrak{A}_i + \right.$$
$$\left. + \frac{e^2}{2mc^2} \mathfrak{A}^2 - e\,\varphi + U \right\}$$

und ist, wie wir sehen, Funktion von n und nur noch von $\frac{\partial W}{\partial x_i}$. Bilden wir jetzt $\frac{\delta H}{\delta n}$, so ergibt sich:

$$\frac{\delta H}{\delta n} = \frac{1}{2m} \sum_{i=1}^{3} \left(\frac{\partial W}{\partial x_i}\right)^2 + \frac{e}{mc} \sum_{i=1}^{3} \frac{\partial W}{\partial x_i} \mathfrak{A}_i + \frac{e^2}{2mc^2} \mathfrak{A}^2 - e\varphi + U.$$

Nach Gleichung (4.2) ist die rechte Seite der Gleichung aber wirklich $-\frac{\partial W}{\partial t}$.

Wenn wir nun gemäß Gleichung (5.9) die funktionale Ableitung $\frac{\delta H}{\delta W}$ bilden, so erhalten wir zunächst:

$$-\sum_{i=1}^{3} \frac{\partial}{\partial x_i}\left[\frac{n}{m}\frac{\partial W}{\partial x_i} + \frac{en}{mc}\mathfrak{A}_i\right].$$

Ersetzen wir hier $\frac{\partial W}{\partial x_i}$ wieder durch die p_i und beachten wir die Gleichung (2.10), so ergibt sich:

$$-\sum_{i=1}^{3} \frac{\partial}{\partial x_i}(n u_i).$$

Dies aber ist nach der Kontinuitätsgleichung (1.15) tatsächlich $\frac{\partial n}{\partial t}$. Wir finden also für die „Wirkungsfunktion" W und für die Dichte n die Relationen

$$\frac{\partial W}{\partial t} = -\frac{\delta H}{\delta n} \qquad \frac{\partial n}{\partial t} = +\frac{\delta H}{\delta W}, \tag{5.10}$$

so daß wir also W und n als zueinander kanonisch konjugiert ansehen können.

Die Größen ψ und ψ^* können wir durch die folgenden Gleichungen definieren:

$$W = \frac{h}{4\pi_i}\ln\frac{\psi}{\psi^*} \qquad n = \psi\psi^*. \tag{5.11}$$

Das ψ und $h \frac{h}{2\pi i}\psi^*$ zueinander kanonisch konjugiert sind, können wir mit Hilfe der Gleichungen (5.10) leicht nachweisen, wenn wir beachten, daß die funktionale Differentiation von H nach ψ durch die funktionalen Differentiationen $\frac{\delta H}{\delta W}$ und $\frac{\delta H}{\partial n}$ in folgender Weise ausgedrückt werden:

$$\frac{\delta H}{\delta \psi} = \frac{\delta H}{\delta W}\cdot\frac{\partial W}{\partial \psi} + \frac{\delta H}{\delta n}\cdot\frac{\partial n}{\partial \psi}.$$

Setzen wir jetzt für $\frac{\delta H}{\delta W}$ nach (5.11) und (5.10)

$$\frac{\delta H}{\delta W} = -\frac{h}{4\pi i}\left(\frac{1}{\psi}\frac{\partial \psi}{\partial t} - \frac{1}{\psi^*}\frac{\partial \psi^*}{\partial t}\right)$$

und entsprechend

$$\frac{\delta H}{\delta W} = \psi^* \frac{\partial \psi}{\partial t} + \psi \frac{\partial \psi^*}{\partial t},$$

so ergibt sich leicht:

$$\text{(5.12)} \qquad \frac{\delta H}{\delta \psi} = \frac{h}{2\pi i}\dot{\psi}^*; \qquad \frac{\delta H}{\delta\left(\frac{h}{2\pi i}\psi^*\right)} = -\dot{\psi}$$

womit die Behauptung bewiesen ist.

Aus der Dichte n und dem Strom nu ergibt sich durch Multiplikation mit $-e$ unter Benutzung von (5.5) und (5.11) der Teilchenstrom (5.7). Dieser Ausdruck, der bisher als ein Ergebnis der Schrödinger-Gleichung angesehen wurde, erweist sich als herleitbar lediglich mit Hilfe von Elementen der klassischen Hydrodynamik. Die Gültigkeit der Kontinuitätsgleichung (1.15) hat zur Folge, daß auch für (7,5) die Kontinuitätsgleichung erfüllt ist. Daß in (5.7) die Größe h auftritt, ist für diese Überlegung unerheblich, da sie richtig bleiben, wenn man unter h irgendeine beliebige Konstante versteht.

Als Ergebnis der klassischen Hydrodynamik kann man daher die folgende Gleichung ansehen, die nichts weiter ist als die etwas umgeschriebene Kontinuitätsgleichung für (5.7), wobei (5.3) zu beachten ist:

$$\frac{1}{\psi}\left[\frac{h}{2\pi i}\frac{\partial \psi}{\partial t} - \frac{h^2}{8\pi^2 m}\Delta\psi + \frac{he}{4\pi i m}\sum_{k=1}^{3}\mathfrak{A}_k\frac{\partial \psi}{\partial x_k}\right]$$
$$= \frac{1}{\psi^*}\left[-\frac{h}{2\pi i}\frac{\partial \psi^*}{\partial t} - \frac{h^2}{8\pi^2 nu}\Delta\psi^* - \frac{he}{4\pi i nu}\sum_{k=1}^{3}\mathfrak{A}_k\frac{\partial \psi^*}{\partial x_k}\right].$$

Die linke und die rechte Seite sind zueinander konjugiert komplex.

Also muß sein:

$$\frac{h}{2\pi i}\frac{\partial\psi}{\partial t}-\frac{h^2}{8\pi^2 m}\Delta\psi+\frac{he}{4\pi imc}\sum_{k=1}^{3}\mathfrak{A}_k\frac{\partial\psi}{\partial x_k}+A\cdot\psi=0,$$

wo A eine reelle Größe bedeutet, die noch dazu, wie man leicht sieht, die Dimension einer Energie haben muß, sofern man unter h die Plancksche Konstante versteht. Daß für diese Größe

$$A=\frac{e^2}{2mc^2}\mathfrak{A}^2-e\varphi+U$$

gesetzt werden muß, ist zwar sehr plausibel, aber doch mehr, als rein formal hergeleitet werden kann. Diese Annahme ist noch die einzige Willkür, die vom Standpunkt der klassischen Hydrodynamik benutzt werden muß, um die Schrödingersche Differentialgleichung (5.1) zu erhalten.

§ 6. Ergebnisse und Ausblick

Die Theorie ergibt zwei grundsätzlich voneinander abweichende hydrodynamische Feldtypen: Die Felder ohne und die Felder mit Wirbel. Die ersteren sind dadurch charakterisiert, daß der Impuls sich immer als „grad" einer skalaren Funktion darstellen läßt. Dieser Feldtyp ist in der klassischen Punktmechanik allein verwirklicht. Die hydrodynamischen Felder mit Wirbel haben in der klassischen Punktmechanik kein Analogon. Da alle bisherigen Versuche der Quantisierung auf die Ansätze der klassischen Punktmechanik zurückgingen, erforderte die Einarbeitung des Spinphänomens besondere zusätzliche Annahmen.

Der elektrische Strom wurde bisher immer als eine Konsequenz der Schrödingerschen Gleichung angesehen. Im Rahmen der Hydrodynamik kann aber der Strom durch eine relativ einfache kanonische Transformation gewonnen werden. Er gehört daher noch zu den „klassischen" Konsequenzen der Physik. Durch den Strom (in der Form der Gleichung 5.7) und die für ihn naturgemäß geltende Kontinuitätsbedingung ist die Form der Schrödinger-Gleichung bereits weitgehend festgelegt. Einer willkürlichen Festsetzung ist lediglich ein Ausdruck von der Dimension einer Energie vorbehalten.

Der Ausdruck für den elektrischen Strom ist eng verknüpft mit der Darstellung des Impulses. Nur insoweit, als dieser sich als „grad" einer skalaren Funktion darstellen läßt, kann die übliche Form des Stromes der Schrödinger-Gleichung erhalten werden. Existieren aber Wirbel, so enthält der Ausdruck für den Strom ein charakteristisches Zusatzglied, das den Anteil des magnetischen Momentes der Flüssigkeit (das eine Funktion von Ort und Zeit ist) zum Ausdruck bringt. Dieser Anteil verschwindet auch im nichtrelativistischen Falle nicht. Ob dies auch noch nach einer Quantisierung gilt, bedarf allerdings der Prüfung.

Bei Fragen zur Produktsicherheit wenden Sie sich bitte an:
If you have any questions regarding product safety,
please contact:

Walter de Gruyter GmbH
Genthiner Straße 13
10785 Berlin
productsafety@degruyterbrill.com